GUADIAO BAODIAN
瓜雕宝典

主　编：白学彬

副主编：杜天峰　李　敏

编　委：王　深　陈　垒　杜　鹏　陈　钊

张　晋　毕常洪　丛鹏飞　张时雨

张富余　李　阳　张德勇　刘国良

金　哲　白　杨　牛英智　杨志平

陈　星　申士杰　邹小辉　吕　涛

牛　震　欧韩敬

海峡出版发行集团　福建科学技术出版社

THE STRAITS PUBLISHING & DISTRIBUTING GROUP　FUJIAN SCIENCE & TECHNOLOGY PUBLISHING HOUSE

图书在版编目 (CIP) 数据

瓜雕宝典 / 白学彬主编 . —福州：福建科学技术
出版社，2018.2
ISBN 978-7-5335-5402-6

Ⅰ.①瓜… Ⅱ.①白… Ⅲ.①西瓜－装饰雕塑－图解
②南瓜－装饰雕塑－图解 Ⅳ.① TS972.114-64

中国版本图书馆 CIP 数据核字（2017）第 196764 号

书　　名　瓜雕宝典
主　　编　白学彬
出版发行　海峡出版发行集团
　　　　　福建科学技术出版社
社　　址　福州市东水路76号（邮编350001）
网　　址　www.fjstp.com
经　　销　福建新华发行（集团）有限责任公司
印　　刷　福建地质印刷厂
开　　本　889毫米×1194毫米　1/16
印　　张　10
图　　文　160码
版　　次　2018年2月第1版
印　　次　2018年2月第1次印刷
书　　号　ISBN 978-7-5335-5402-6
定　　价　59.00元
　　　　　书中如有印装质量问题，可直接向本社调换

白学彬，这个名字在当今食品雕刻领域里，已是大名鼎鼎了，他也是这个领域里的多产作者。我在2015年11月刚刚为他出版的《食雕盘饰宝典》一书写完序，现在，他的又一部著作《瓜雕宝典》即将发行，为此，我又为他书序一曲！

白学彬获得的"十大至尊食神""中国农民艺术家""京门食刀浮雕王"等等称号，以及各协会的秘书长、副主任职位，都是来源于他对生活和事业的热爱以及辛勤的耕耘、不断的追求，这些也是社会对于他的人品的肯定。白学彬是我1994年的学生，后来又正式向我拜师，作为师傅的我，更了解他，他的人品在我心里远远超越了这些称号，他对师傅的忠诚、对师兄弟的帮助、对学生的爱护都做到了德艺双馨！他也是我众多徒弟中学术业绩最多的一位！

自从人类懂得用火烹食起，就有了烹调之术，而考古和文献记录让后人知道，古代帝王贵族喜欢美食美器，食雕艺术就已在其中。中国的瓜雕艺术早在清朝时期就已经达到了很高水平。当今我国的食雕艺术又迎来新的辉煌的阶段，后起之秀不断涌出。

瓜雕艺术我本人也很喜欢，西瓜有深绿、浅绿的瓜皮，白色的皮心，浅红色、深红色瓜瓤，这种色彩自然渐变而又鲜艳的原料比其他食材更容易出效果，就雕花表演而言，西瓜就比北方的心里美萝卜占优势，它个体大，台下观众更容易看清。我过去在澳大利亚、美国、新西兰及欧洲等国家的表演，都选择了雕西瓜花，因为西瓜不仅中国有，世界各国基本都有；而心里美萝卜好多地区就没有，2008年我应邀去韩国电视台表演，韩国就没有心里美萝卜，我带的心里美萝卜到海关就被扣留了。这些年，我对西瓜雕刻愈加情有独钟！

白学彬《瓜雕宝典》的出版，是对不太了解西瓜雕刻的食雕爱好者做出的又一贡献，让他们可以获得更好的认识。此书从文字编写，到图片步骤，都很清晰，让学者一目了然，是一本难得的学习瓜雕好教材！

白学彬，师傅在这书序中为你喝彩，你为中华食雕艺术又增添了一彩，你是师傅的骄傲！

中华食雕第一龙——**赵慧源**

于北京

目　录

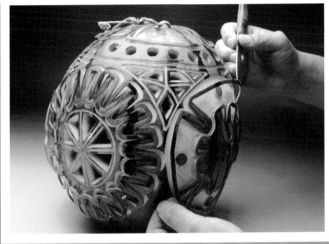

第一章

瓜雕概述

说到瓜雕，大众最常见到的是西瓜雕，此外也有使用南瓜进行的雕刻。

本书主要介绍西瓜雕刻技法，也有一些南瓜雕刻作品。

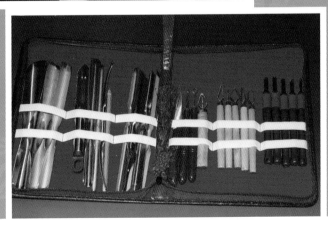

一、西瓜雕刻的作用和特点

现今，我国厨师行业中喜爱西瓜雕刻者甚多，西瓜雕刻从命题、构思到制作都有许多题材和技巧可以采用，在餐饮各方面的应用也非常广泛。它可以反映作者的文化素养、生活积累、审美情趣。

瓜雕大部分是专门供人观赏的，称之为"看盘"。在宴席中，它可以提升宴席档次，烘托气氛，传递感情，例如，一些主题瓜雕可以表达吉祥如意、富贵繁荣的寓意，创造生动活泼的氛围，或传达节日祝福等。除了在宴席上展示，瓜雕作品和雕刻过程本身，还可以在一些展会活动上展示或表演，可以活跃现场气氛，带动人气。

西瓜雕刻有一种特别的魅力：水灵多汁，颜色鲜明，甜香四溢，给每个食客带来满满的食欲诱惑和巨大的视觉冲击。它使用日常可见的原材料，花费并不太多的时间，就可以成为聚会上的视觉焦点。

瓜雕艺术的基本特色在于表现秀美，它利用瓜体自身的色彩和质地特点，经过巧夺天工的精雕细刻，会具有娇柔玲珑、神采悦目、简洁明快和梦幻神怡的意境。

二、悠远传奇的瓜雕

早在先秦时期，《礼记·玉藻》中就有记载："瓜祭上环。"意思是：切瓜作环形，有上环、下环之分，上环为蒂部，下环为脱花处，祭祖时用上环。到北宋时，汴京的皇亲贵族就用"雕花样的瓜"在消暑的高级宴会上装点席面。到了明代，西瓜雕刻有了较大的发展，当时商贾如云、市场繁荣的江浙一带，西瓜雕刻极为时兴，据《扬州画舫录》记载："亦间取西瓜镂刻人物、花卉、虫鱼之戏，谓之西瓜灯。"清代康熙、雍正年间的著名文人黄之携提名《西瓜十八韵》的诗，描述了西瓜雕刻"迁缝剖出玲珑雪，薄质雕成宛转丝"的美妙绝技；从这些诗句中可以看出，当时在我国西瓜雕刻技术已经十分成熟了，康熙皇帝下江南巡视时，扬州群绅众豪接驾，不惜千金，刻求御膳精美，终得名厨呕心沥血，设计制作出精巧万端的西瓜盅，盛入多种应时果品，使得龙心大悦，当即赐名"御果园"，从此扬州瓜雕声名大振，传遍中国大江南北，乃至世界各地。

除扬州瓜雕外，现今还流行泰式瓜雕，也是从我国的瓜雕艺术中继承、发扬而来。

三、中国传统瓜雕与泰式瓜雕的区别

中国传统瓜雕又称为扬州瓜雕，主要是对瓜皮进行各种雕刻，有平面线雕、阴文凹雕、阳纹凸雕、镂空雕、悬浮雕、立体圆雕等各种技法，让瓜皮表现出玲珑剔透、繁复精致的美，并通过在瓜的空腔里放置灯光，更增添华贵、尊荣、温馨、浪漫的氛围，让人惊叹。

东南亚是热带水果的盛产地，泰式瓜雕即在此诞生。泰式瓜雕最大的特点是利用西瓜瓜皮和果肉的颜色去雕刻千变万化、娇艳的花卉作品。

所以泰式瓜雕注重的是运用颜色进行创作，而中国传统瓜雕注重的是制造精妙的结构造型。

本书的主要特点就是结合当前人们的审美喜好和餐饮需要，对中国传统的瓜雕进行继承发扬，又融合国外瓜雕技艺的特点。这也是当今食品雕刻界的一种流行趋势。

扬州瓜雕

泰式瓜雕

四、瓜雕的工具

食品雕刻的刀具一般以坚硬、锋利、灵巧、卫生、不易生锈为好。

瓜雕因其具有多层镂刻、严密的分隔及精细的边饰等特点，所用刀具主要有以下几种：

平口大刀

主要用来西瓜等较大原料的切割。

平口主刀

西瓜雕刻主刻刀，也是食品雕刻中最离不开的必备主要工具。

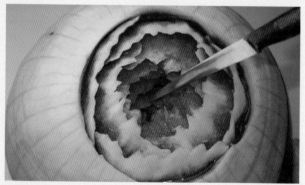

下图是小尺寸的平口刀，刀头韧性好，适合雕刻泰式瓜雕。

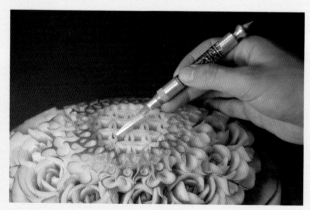

勾刀

最典型独特的传统瓜雕工具，用于西瓜套环、几何图形的雕刻。

斜口刀

可在西瓜表皮上进行图案刨犁分割，是传统的西瓜图形常用的雕刻工具之一。

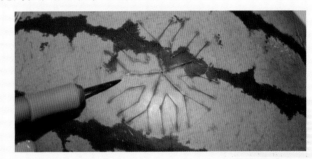

平口铲刀

对于已刨犁开的西瓜表皮，可以用这种铲刀进行铲皮挑起，让瓜皮图案部分翘起显现出来。

圆口戳刀

主要用于西瓜的起盖分离，可以产生花边的效果。本工具分大小不同的 5 种型号，在雕刻禽鸟造型中，通常用它来戳出羽毛部分等。

V 形戳刀

常用在西瓜表面上，利用它不同的形状规格，戳出大小不一的三角花瓣。

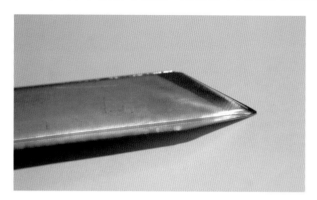 

挖球器

在不同的食材原料上，可挖出圆球作为菜品造型装饰的应用，也可方便食客食用。

挖瓤勺

厨房随手可得的汤勺之一，给西瓜掏空，方便进行下一步分瓜灯等造型的镂空雕刻。

画圆绳

　　用于西瓜周圆的测量，分布出四周的图形平均距离，这是瓜雕图案统一布局最简单的方法之一。然后用它也可来代替圆规工具的画圆。使用时，用牙签固定绳子一头，插在瓜皮上的圆心位置，利用大拇指甲划线一周，这样就很简单地画出了圆形。

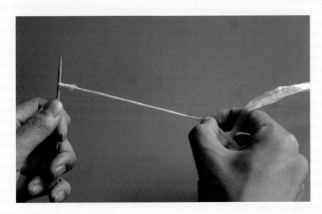 

圆规

　　方便绘制小一些的圆形图案。

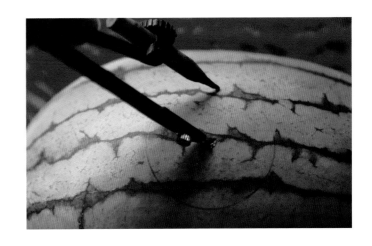

单线拉刀

　　拉出线条图案的必不可少的常用工具。

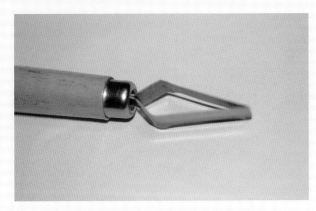 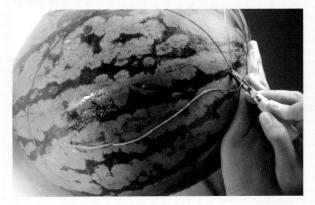

双线拉刀

可以拉出平行的两条线，雕刻花边图案最理想的工具之一。

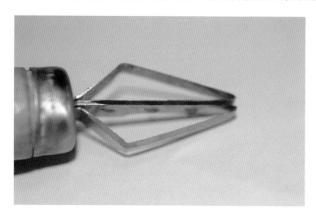 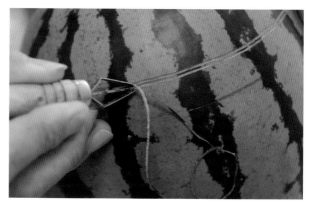

V 形戳线刀

传统木雕刀之一，用来在西瓜上戳出突起的线条。

 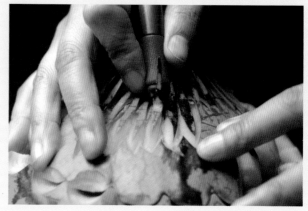

削皮刀

最基本的常用工具，用于削除大面积的瓜皮。

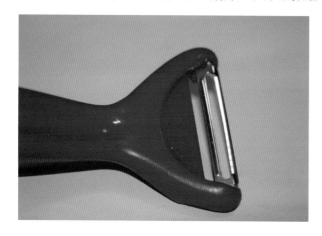 

水油铅笔

一种在果蔬原料上绘画的特殊专用画笔。

灯泡

在瓜腔里放置内部照明，可以营造出很特别的效果。可以采用近年上市的一种充电灯泡，充一次电可连续亮三四个小时，减少了扯线的麻烦和触电的危险。借助别针或牙签挂在瓜腔里面。

五、瓜雕的常用技法

西瓜雕刻与其他食品雕刻相比，更为全面地涉及了食品雕刻中的立雕、浮雕、镂空雕、平面线雕、凸层拉环雕等各种手法，而在形式上，不仅是用图案来表现，而且更重要的是用西瓜本身自有的瓜皮和瓜瓤颜色来展示它独有的视觉效果。由于西瓜雕刻的这一特性，制作者熟练地掌握各种操作刀法是很有必要的。

刻

这是西瓜雕刻中运用最多的一种刀法，可展现出深层的果肉立体效果。

削

用刻刀平削表皮，露出瓜皮以内的白色或红色部分。

刮

多用于浮雕图案，以刻刀轻轻地刮去薄薄的表皮，露出瓜皮第二层浅绿色，使其与最表层的深绿色形成对比，表现出类似剪纸图的效果。以平整光洁、色彩均匀为佳。

挑

把分犁好的表皮图案挑起，产生立体层次感效果。这种雕刻手法在中国传统西瓜雕刻中常用。

掏

掏出瓜果里面的瓤，获得内部的空间，同时保留瓜果外表的厚度，适合进行外表的造型加工，如浮雕镂空等，最终可将瓜果做成盛放菜品的瓜盅，或瓜灯。

镂

将瓜体镂空，使作品更有通透效果。

拉

多应用在花篮、瓜灯等套环作品中，经过图案的连接将环环相扣的线条彼此间拉伸扩大，使表面瓜皮带着瓜体一起拉长，呈现出类似"编织"的效果。

泡

泡算不上刀法而胜似刀法，西瓜经过镂空、拉刻等操作后，放到水里浸泡一段时间，作品会更显得鲜活。

六、瓜雕的选料与保存

（一）选料

瓜雕选料一般要求是个头大，表面圆滑、乌青光亮、色调一致没有疤痕，再根据要雕刻的素材，选择不同的形体。

比如浮雕式瓜盅，一般选椭圆形原料比较好，这样除去顶盖和底座被遮掩部分后，构图比较合适美观；如果雕刻镂空西瓜灯，则以圆形料为好，作品可显出平稳均衡的美；至于雕刻花篮、花瓶和龙舟之类的题材，一般也都选择大的长形西瓜为好。在雕刻设计时，主要还在于灵活掌握：或因材施艺，看料定题；或以题选料。

另外，最好选择八成熟的西瓜，这样其内部也比较好雕刻，并增加适合欣赏的时间。

（二）原料的保存

在运输过程中，注意尽量不要损坏表面瓜皮。

瓜料存放应在通风、湿润、阴凉的地方。存放时间若在 10 天以上，必须带蒂放在麦草编成的垫圈上，每周翻转一次。

根据作者经验，一只没有打开或破损的西瓜，在 1~4℃恒温下保存 3~4 个月，形状和质地都不会有什么变化；如果埋在大米堆里，保存时间会更长一些。

（三）操作时的保护

西瓜不要在雕刻之前直接从冷库中拿出，那样下刀后容易破裂，前功尽弃。正确做法是：西瓜从冷库中拿出后，先在室外自然光源下放置至少半小时；而后，将瓜体擦洗干净，或用抹布反复摩擦打磨，这样表面更加光亮，而且瓜皮更有柔韧性，下刀操作时相对不容易崩裂。

在雕刻中，尽量要当天施刀，一气呵成。如在雕刻过程中需要暂时停留，那就要用保鲜膜或湿毛巾将瓜体包好，尽量减少细菌的沾染，和防止瓜体水分蒸发。

（四）作品的维护

完成的作品，一般可以有 2 个小时左右的正常使用时间。

在展示期间，如果能用喷水壶每隔半小时给作品喷一次水，可延长其使用寿命。如果没有养护措施，展示时间超过 3 个小时，作品可能就显得衰弱、没型了。

但，作品暂时不用或展示完毕后，可以采取措施进行保存，维持比较长的时间，再拿出来展示。

对于传统瓜灯，雕好后临时不用，首先要将拉出来的套环再小心地缩回去，然后用保鲜膜封好，放在恒温保鲜柜里。

对于展览完撤下来的作品，可以通过浸泡让它"恢复活力"：使用干净的大不锈钢桶，加清水，将作品浸泡十几分钟，作品就会很快恢复新鲜、利落、挺拔。有以下技巧和要点。

（1）水温维持在 1~5℃最好，可以加冰块来维持温度。

（2）可在水里加少许明矾，会大大延长作品的使用时间和次数。

（3）水桶里不要沾油污，这样作品很容易变质腐烂。

（4）一个打开雕刻过的西瓜，浸泡在水里只是一个临时的保鲜补救措施，更不能长期连夜浸泡在水里。作品浸泡后一定要及时拿出来，拿出时注意避免发生折断，而后用保鲜膜包好，放到恒温冰箱里再继续保存。

第二章

传统瓜雕

统雕

一、边饰图案

花边装饰图案应用在立体雕刻或浮雕图案的边框及各组接部分，有时也作为局部的添加，或作为圆形画面的分界。很多边饰图案是从传统吉祥画谱中吸纳应用过来的。

下面介绍几种瓜雕常用的边饰图案的做法。

（一）

刀具：斜口刀、挑皮平口铲刀。

刀法：刻、推、铲。

构图步骤：

1. 用斜口刀在西瓜皮表面上勾勒出 8 条平行直线，各条距离和深度都为 2 毫米。

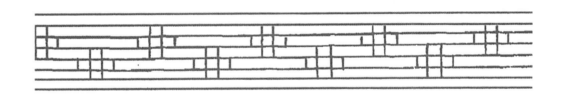

2. 在 8 条平行线上按上图所示的位置，刻出与这些平行线相垂直的短线，相邻短线之间的距离为 3 厘米。

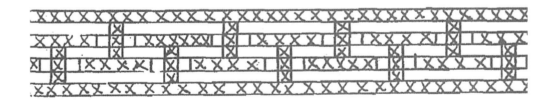

3. 用挑刀将图中标"X"部分的瓜皮挑去不要即可。

图案转换

应用实例：

（二）

刀具：斜口刀、挑皮平口铲刀。

刀法：刻、推、铲。

构图步骤：

画出图案，将图中标"X"部分的瓜皮挑去不要即可。

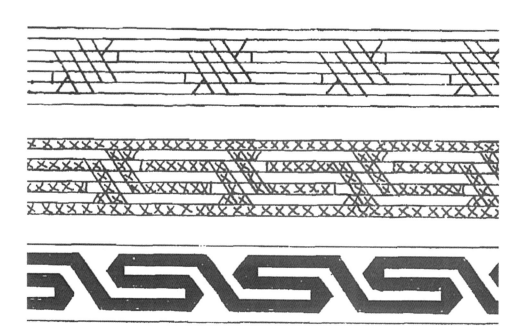

图案转换

（三）

刀具：斜口刀、挑皮平口铲刀、圆口戳刀、圆规。
刀法：刻、铲。

构图步骤：

1. 用斜口刀在西瓜皮表面上刻出 2 条平行直线，两条线之间的距离为 2 毫米。

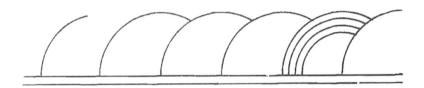

2. 用圆规在其中一条线上找出若干相距 2 厘米的点，以这些点为圆心，相邻点之间的距离为半径，画出若干相互搭接的圆弧线；再在每个圆弧内画出 3 个相距 2 毫米的同心圆弧。

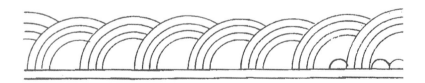

3. 用斜口刀沿这些弧线刻入，深度为 2 毫米。

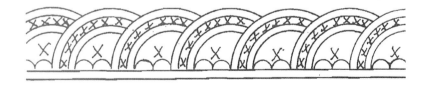

4. 用挑皮刀将图中标 "X" 部分的瓜皮挑去不要即可。

（四）

刀具：斜口刀、挑皮平口铲刀。

刀法：刻、铲。

构图步骤：

1. 用斜口刀在西瓜皮表面刻出 4 条平行直线，第 1、2 线之间和第 3、4 线之间的距离均为 2 毫米，第 2、3 线之间的距离为 1.5 厘米，深度 2 毫米。

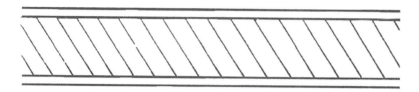

2. 在第 2、3 线之间刻出若干与其呈 45°夹角的平行斜线，以这些斜线为公用边，刻出若干相等的长方形。

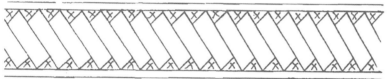

3. 用铲刀将图中标 "X" 部分的瓜皮挑去不要即可。

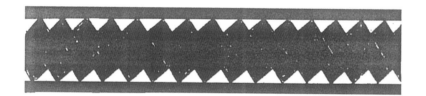

图案转换

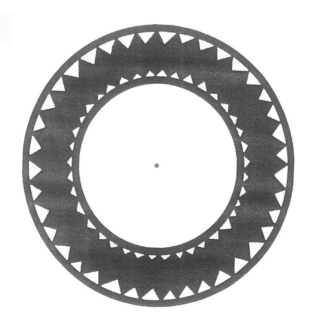

用平口铲刀按图上的斜线所示，将青色瓜皮铲起，深色区域保留不动。

图中，在瓜皮铲起的地方画了4条蓝线。将平口主刀伸到瓜皮的内面，刀尖向外，沿着这4条线切割，分离出一个长方形区域，而后将此长方体向外凸起，就形成了套环的立体效果。

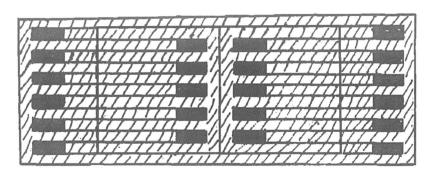

图案转换

本图是在一个环形区域，制作三等份的开窗图案。

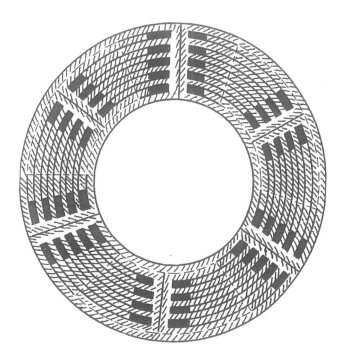

（三）剑环图案

刀具：斜口刀、平口铲刀、平口主刀、圆规。

刀法：刻、推、铲、挑、切、镂。

步骤解析：

首先刻画出一个半圆形；然后在圆心上方一定位置定位一点，作为 3 把"宝剑"的剑尖，然后再刻画出 3 个宝剑套环。

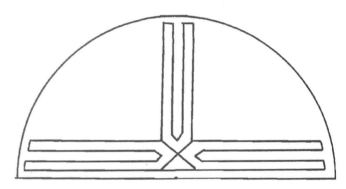

对图中斜线部分的青色瓜皮用铲刀铲起，注意铲起瓜皮的方向，应保留套环的根部与瓜体相连。

对白色区域的青色瓜皮进行消除，或者彻底镂空瓜皮。

将平口主刀伸到瓜体内部，刀尖向外，沿着圆心处用蓝线标记的倒 T 形边缘切割分离，而后将此部分瓜体推出凸起即可。

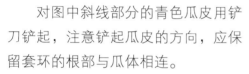

图案转换 1

图案转换 2

图案转换 4

图案转换 5

（四）梅花图案

刀具：斜口刀、平口铲刀、平口主刀、圆规。

刀法：刻、推、铲、挑、切、镂。

步骤解析：

　　按作品布局，在瓜体上用圆规画一个大的外圆，再保持同样的圆心，以 1/2 的半径画一个圆，然后在第一个外圆内 2 毫米距离再画一个圆。对两个外圆用斜口刀刻深 2 毫米；然后以中心点外射造型分别刻出 5 个对称的"宝剑"套环。

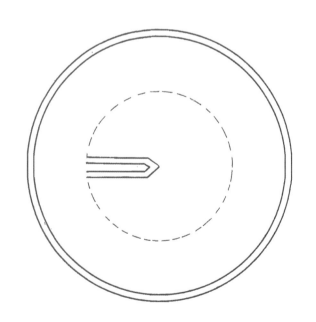

用斜口刀沿着"宝剑"套环尾部连接处分别刻出 5 片对称的花瓣，深度 2 毫米。

对图中斜线部分的青色瓜皮用平口铲刀铲起，注意连接点不要弄断；对黑色部分的瓜皮保留不动；对白色部分的青色瓜皮削去，或者将瓜皮完全镂空。

图中用蓝线框出了一个区域，将平口刀伸到瓜体内部，刀尖向外，沿着这些蓝线垂直切割，分离出中央的瓜体，而后将这些瓜体往外推一些，就形成了套环的立体效果。

本图案和前面的 4 剑环图案技法相近，只是增加了最外圈的一个套环。

图案转换

本变化款主要是在以上图案的基础上，在外面又增加了一层。

（五）五星图案

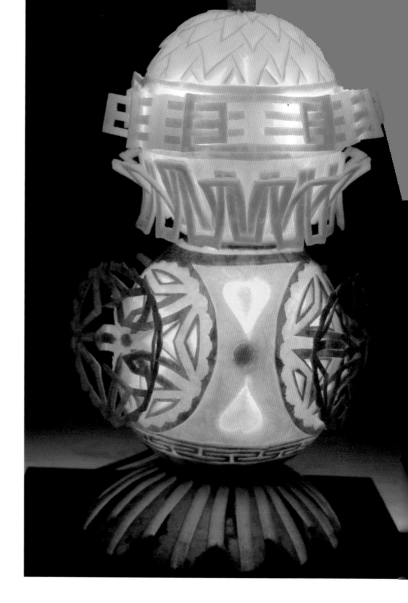

刀具：斜口刀、平口铲刀、平口主刀、圆规。

刀法：刻、推、铲、挑、切、镂。

步骤解析：

在瓜体部分适当位置用圆规画一个大圆，用斜口刀刻深 2 毫米；再在里面分别如图画出两个圆，不施刀。

将最大圆 5 等分，再在最小圆上找出位于最大圆等分点两两之间的 5 个等分点，再按图所示，用斜口刀在图中两个虚线圆之间连接这些等分点。

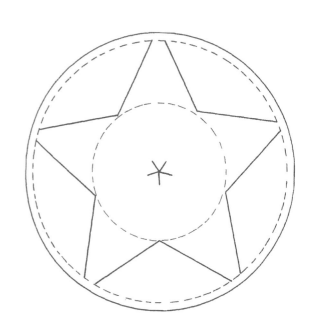

以圆心为"尖交"点，在"五星"内刻出五组"宝剑"套环。

用小号圆口戳刀沿第二个圆戳出波纹线。

按图所示，用斜口刀在"五星"与外圆之间，以及五星与内部的"宝剑"之间，分别加刻出边线。

用铲刀将图中斜线部分的青色瓜皮挑起，注意保留青色瓜皮与瓜体的连接点。

图中用蓝线框出了一个区域，将平口刀伸到瓜体内部，刀尖向外，沿着这些蓝线垂直切割，分离出中央的瓜体，而后将这些瓜体往外推一些，就形成了套环的立体效果。

图案转换

（六）窗花图案

刀具： 斜口刀、平口铲刀、平口主刀、圆规、小号圆口戳刀。

刀法： 刻、铲、挑、切、镂。

步骤解析：

首先用圆规画一个外圆（施刀），维持同样圆心，在外圆半径的二分之一处画出第二个同心圆（图中用虚线表示，不施刀）；然后在两个圆中间二分之一处再画一个同心圆（图中用虚线表示，不施刀）。

以圆心为尖交点，按等分刻五组"宝剑"套环；在每两把"宝剑"之间的三角区内，依次刻4条间距2毫米的夹角线。

大体在第2圆和第3圆之间，用斜口刀分别刻出相等的5个花瓣环。

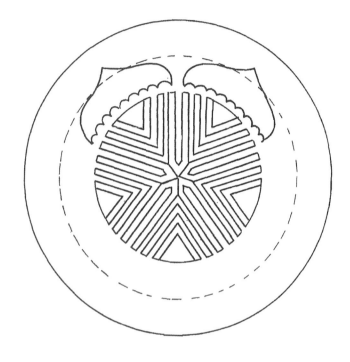

在5个花瓣外围刻相邻平行的线条，并在两个花瓣之间再重叠相连地刻出相同大小的花瓣，注意，外围的花瓣和内层的花瓣之间的瓜皮是相连的。

用平口铲刀分别将图中斜线部分的青色瓜皮挑起，使双层花瓣与内层圆环和夹角内线连接一体。

在黑色部分保留瓜皮不动。在白色部分将青色瓜皮去除，或者彻底镂空。

在5把"宝剑"的顶端位置有蓝色线条，将平口主刀伸到瓜体内部，刀尖向外，沿着这些线将底层瓜皮切割透，而后将此中心区域向外凸起，就形成了套环的立体效果。

（七）多层图案

本类图案的特点是，中央部分会有两层的凸起。

刀具： 斜口刀、平口铲刀、平口主刀、圆规、小号圆口戳刀。

刀法： 刻、推、铲、挑、切、镂。

步骤解析：

根据图案布局，在瓜体部分适当位置用圆规画个大圆，用斜口刀刻深 2 毫米。

保持圆心，在半径 3/5 处再画 1 个圆（不施刀）。

以中心点为尖交点，用斜口刀刻出 5 把"宝剑"，长度分别到虚线圆；然后再分别在"宝剑"的两两之间刻出外圈的 5 把宝剑。

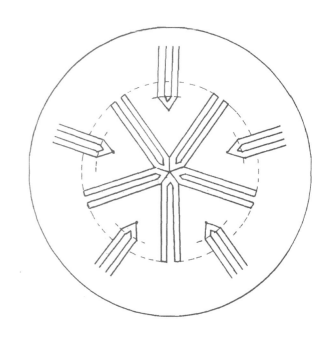

用斜口刀分别在内圈"宝剑"之间刻出间距 2 毫米的 3 条夹角线。

用斜口刀在外圆线内空白区分别套刻与周边距离均为 2 毫米的弧线。

用平口铲刀将图中斜线部分的青色瓜皮挑起，注意保留连接点不要弄断。

黑色部分保留瓜皮不动。白色部分将青色瓜皮去除，或者彻底镂空。

将平口主刀深入瓜体内部，从挑起的瓜皮下面沿蓝线进行切割，形成中央区域两层分离的瓜皮，而后将这些瓜皮向外凸起即可。

三、图案参考

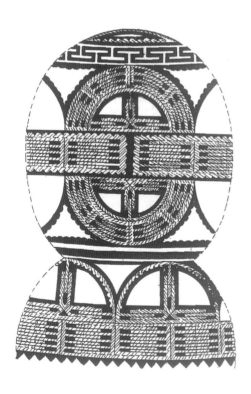

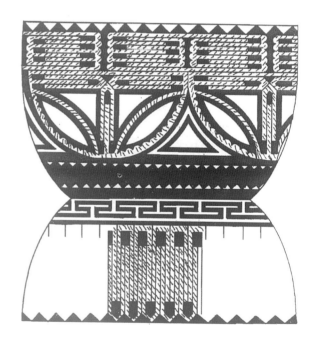

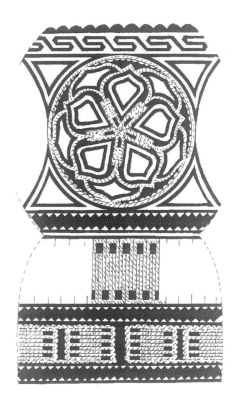

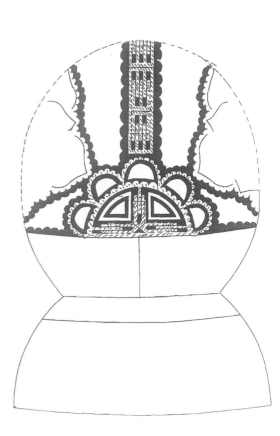

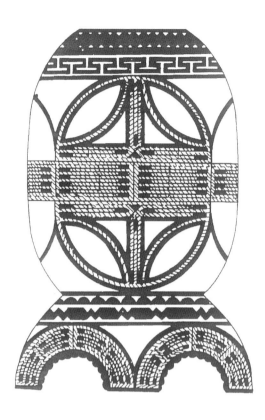

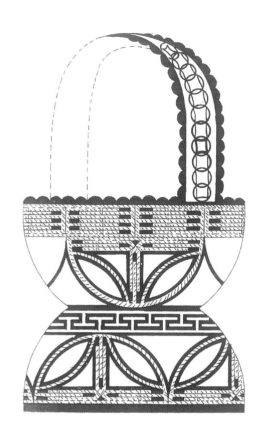
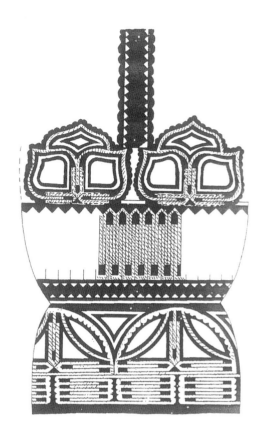

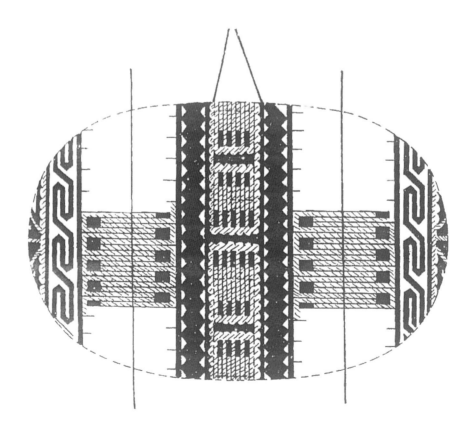

四、制作实例

步骤解析：

　　首先在西瓜的四周和顶部，进行整体的设计布局，利用绳子画圆的方法，用指甲在西瓜表面所勾勒出要刻的隐形图案。

　　然后用勾刀进行套环起皮、镂空等传统技法的雕刻制作。

五、作品欣赏

大丽花灯

四季春光

登高望远

月光曲

五角红星

城堡人家

孔雀开屏

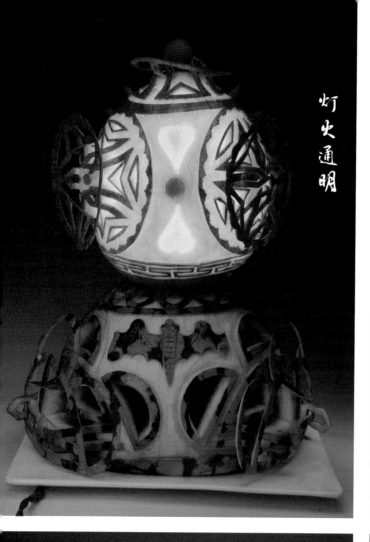

灯火通明

陀螺瓜

楼外楼

五星玫瑰

50

窗外

福壽万年

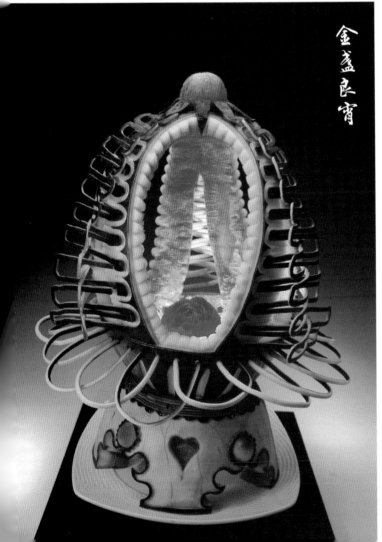

金盞良宵

富貴天下

金枝玉叶

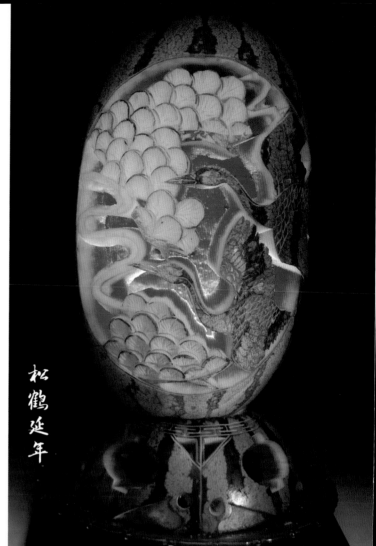

松鹤延年

金色年华

花好月圆

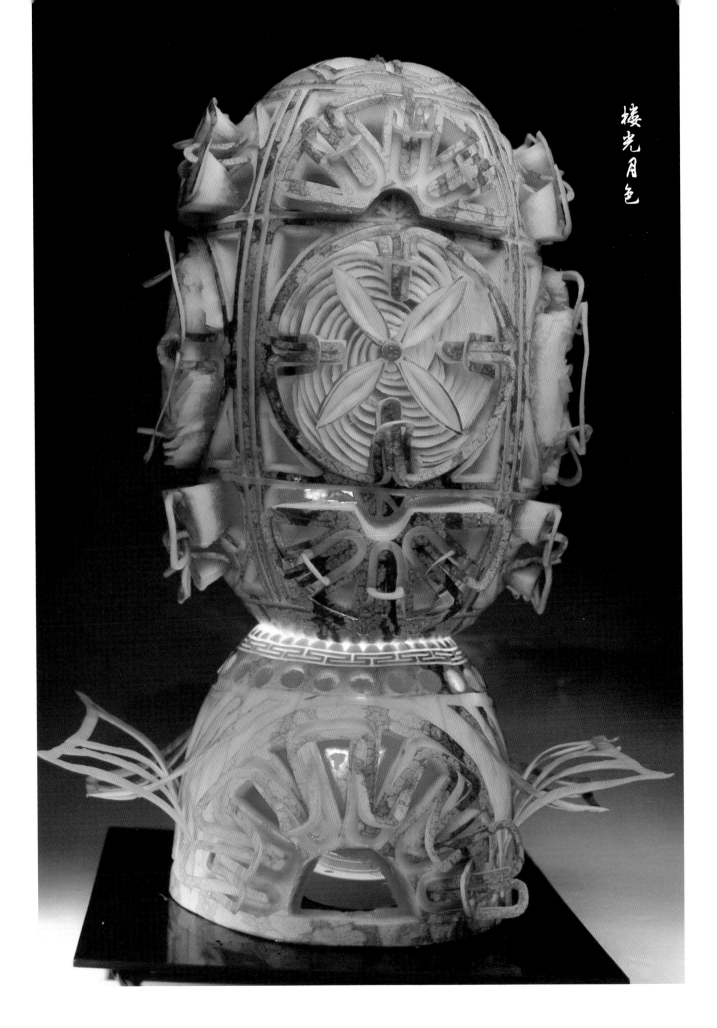

楼光月色

蝶飞

空中楼阁

玲珑宝塔

54

金凤凰

丰收

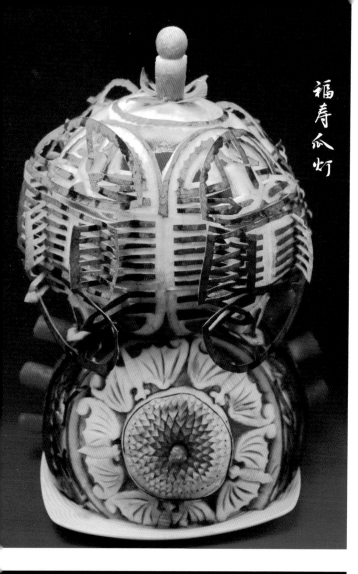

福寿瓜灯

月光佳人

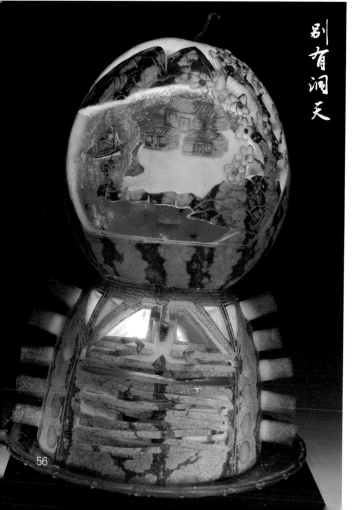

别有洞天

平平安安

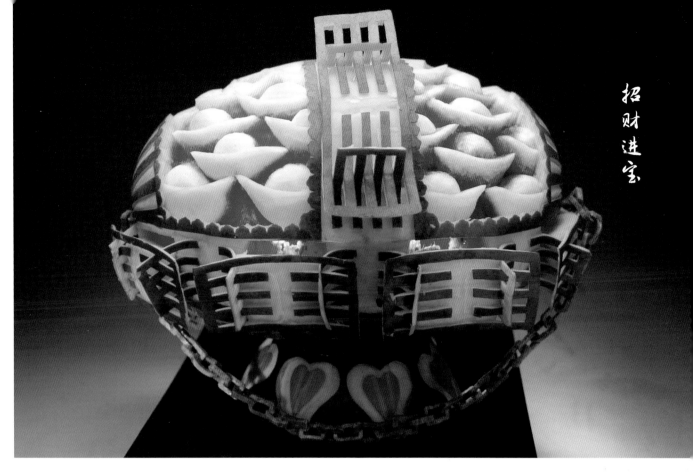

招财进宝

玲珑瓜灯

镂空套环瓜盅

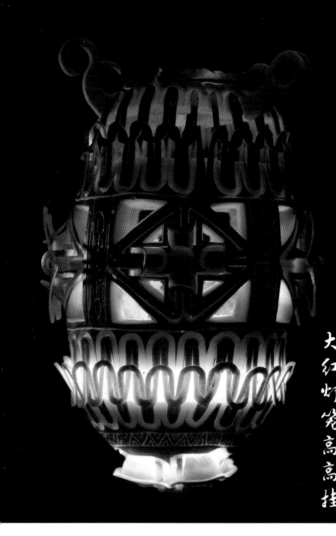

大红灯笼高高挂

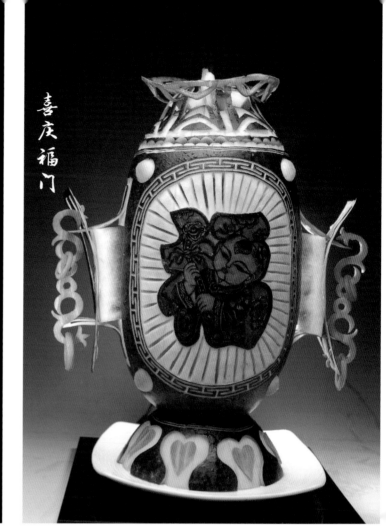

喜庆福门

富贵五品

福寿光芒

58

六、视频教学

请使用微信（非微信无法播放视频）扫描下面的二维码，即可直接打开网页播放视频。本书视频均无插播广告。

（一）基础操作

铲起四角套环
（时长：4分钟）

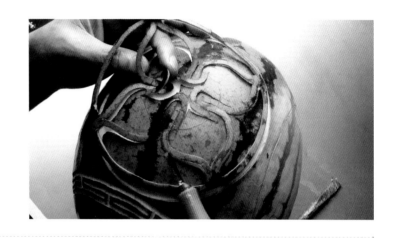

铲起五星套环
（时长：4分钟）

起盖
（时长：2分钟）

（二）玲珑瓜灯

以下二维码内部含有红色小框，请在购书后使用任意深色笔（任意种类，任意深颜色）将此小框内部涂暗（如下所示），即可正常扫描。

主要球体的制作 （时长：59分钟）

同样备用码

底座的制作 （时长：16分钟）

同样备用码

耳瓣的制作 （时长：30分钟）

同样备用码

整体展示 （时长：2分钟）

同样备用码

套环和修饰讲解 （时长：6分钟）

同样备用码

第三章

泰式瓜雕

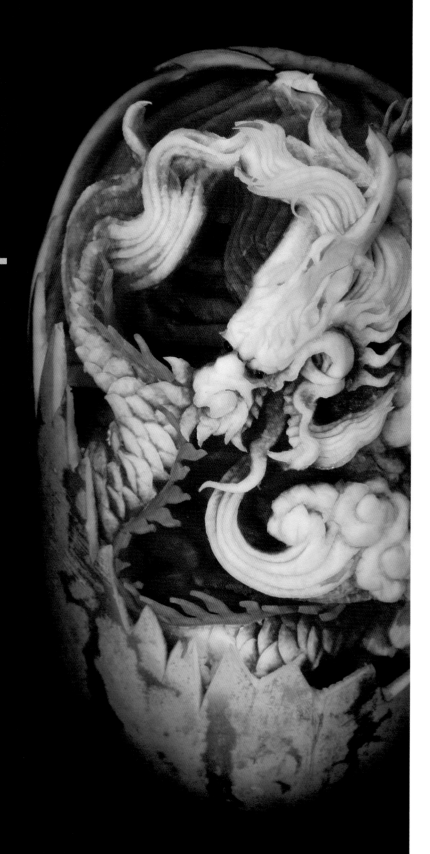

一、瓜雕花卉

（一）作品详解

步骤解析：

1. 用削皮刀削除深色瓜皮，在中心部位用挖球器挖出一个小圆坑（图1、2）。

2. 用平口主刀绕着圆心，以旋转抖刀的手法，从外到内逐步刻出层层内包的花瓣（图3、4）。

3. 再从刚开始刻花瓣的部位，继续层层外展地刻出花瓣，呈现一个大大的盛开的牡丹（图5~7）。

玫瑰花盘

步骤解析：

1. 把表层瓜皮削掉，用圆规在瓜体上画圆（图1）。

2. 用平口主刀剔除材料，形成圆球形状（图2）。

3. 对每个圆球，从外层开始，逐步雕刻出旋转的月季花朵图案（图3、4）。

4. 用中号圆口戳刀在下方位置戳出一圈圆孔，然后用统一长度的蒜薹相互交叉地插在圆孔里，总体就像一个圆盘。最后将整个造型放在事先刻好的底座上（图5）。

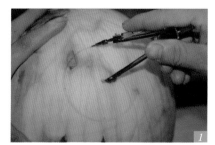

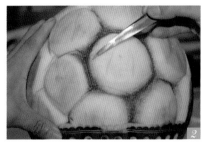

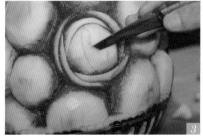

步骤解析：

先把深色瓜皮削掉，然后在中心位置用中号圆口戳刀戳出一个圆心岛，作为花蕊部分，利用直面刻刀沿着圆心雕刻出相等的 V 形小花瓣。

沿着第一层花瓣，类似刻出一圈放射状的长 U 形花瓣。以此类推，从小到大，连续刻出数层花瓣为止。

最后利用中号圆口戳刀在最外边的花瓣下面沿着西瓜戳出一周废料，使整个的花朵凸显出来。

玫瑰红

步骤解析:

1. 首先用刻刀在西瓜合适位置上勾画出一个三角形,然后在三角形里,以从外到内的顺序逐步交叉刻出花心里的小花瓣(图1)。

2. 对外面的三角形进行加工,刻成花瓣,并向外再雕刻一层更大的花瓣(图2)。

3. 把玫瑰花整体刻好后,使用中号圆口戳刀绕着花的周边刻出成对反卷的装饰花瓣(图3~5)。

4. 连续刻出两层装饰花瓣后,再利用中号圆口戳刀,刀口朝下,戳出圆柱形装饰纹路(图6)。

月季花灯

步骤解析：

1. 用平口主刀在瓜体的下方位置刻画出一圈数个大叶瓣，并将叶瓣剥离分起，叶瓣底部与瓜体相连。其余部分瓜皮削去不要（图1～4）。

2. 从西瓜顶部开始，刻出一个大大的月季花（图5～11）。

3. 用圆口戳刀沿着花的下方圆周戳两圈，将上方花朵分开、捧起（图12～15）。

4. 掏出下方瓜体的瓜瓤，形成菜肴容器（图16、17）。

5. 用圆口戳刀在容器壁上进行镂空（图18、19）。

6. 用小西红柿在叶瓣上进行点缀（图20）。

7. 盖上月季花样子的盖子（图21）。

心花怒放

步骤解析：

1. 先用圆规画一个圆；再用小号 V 形戳刀在圆线内侧戳一圈，然后削掉圆圈里面的瓜皮；再沿着新戳出来的内侧戳一圈，再削掉一层废料；以此类推，逐层深入，直到中心点为止（图 1 ~ 5）。

2. 在刻好的圆形花外，用圆口戳刀戳出四组图案（图 6、7）。

3. 然后再将图案外的瓜皮削掉不要（图 8）。

4. 用平口主刀在图案之间白色的瓜皮部分雕刻出三角和圆形相间的花瓣（图 9、10）。

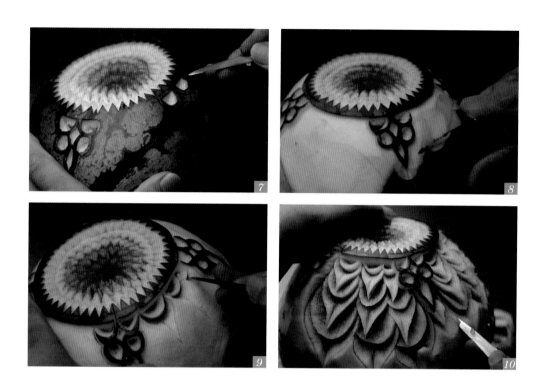

瓜罗绣球

步骤解析：

1. 用拉线刀在瓜皮上分出 8 个相等的月牙状区域（图 1）。

2. 用平口主刀分别从上到下地刻出一层层梯状的花瓣，注意在刻每层花瓣的时候，要保留线条状的绿色瓜皮（图 2 ～ 7）。

3. 在每一层内切一刀再分出一层（图 8）。

4. 用小剪刀将每一层的边缘剪出小的锯齿即可（图 9）。

（二）作品欣赏

满天星

梦幻花香

郁香

北斗星

金粉世家

大丽花

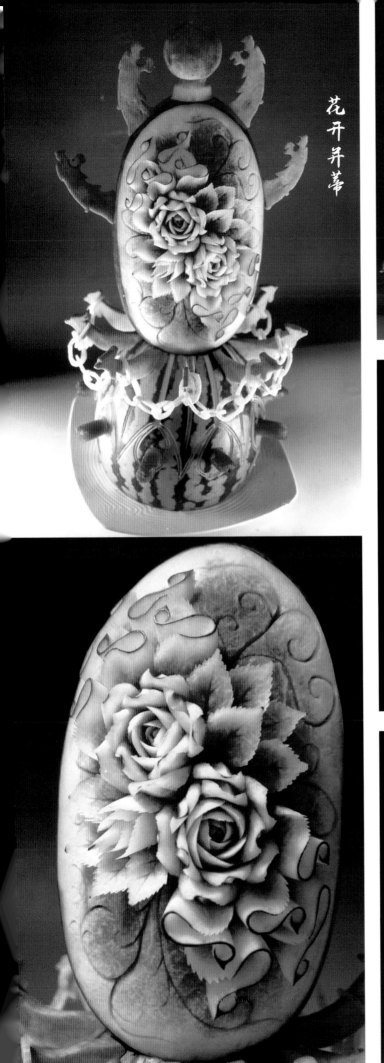

花束

花开并蒂

怒放

向日葵

心心格印

哈密瓜仿寿山石

花香四季

莺歌飘花

花轮

大月季

牡丹花开

龙腾富贵

花心

争奇斗艳

争艳

赛梨花

菠萝花

999 朵玫瑰

85

万象富贵

吉祥平安

富贵吉祥

葵花赋

86

白玫瑰

楼外楼花香

喜事花开

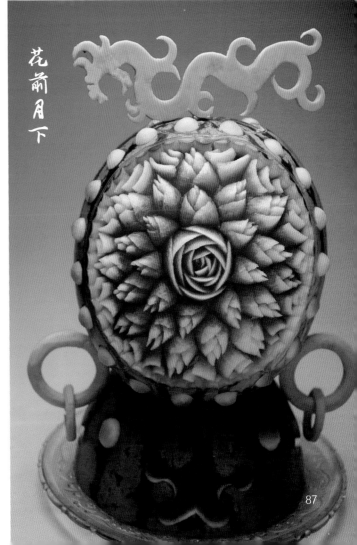

花前月下

87

枝繁叶茂

万年青

心心相印

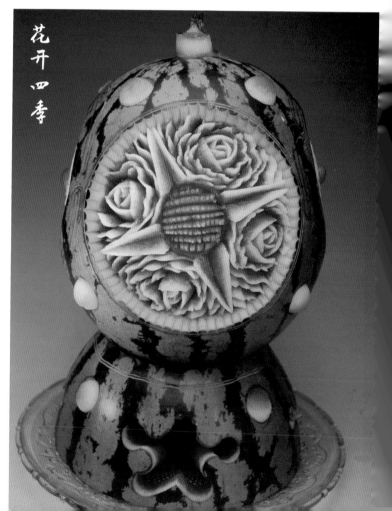

花开四季

福在眼前

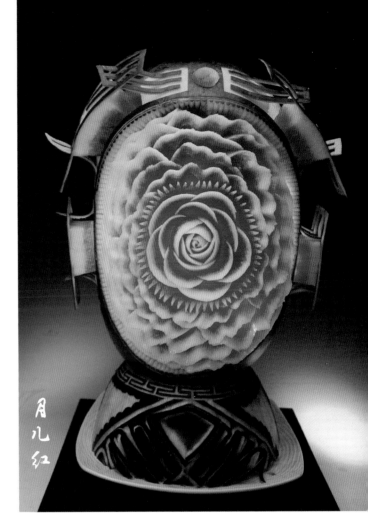

月儿红

满篮花香

999朵玫瑰

103

夕阳红

团圆

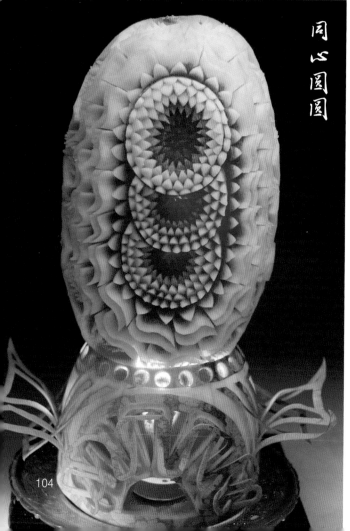

同心圆圆

红灯记

花季

万寿花开

花香满堂

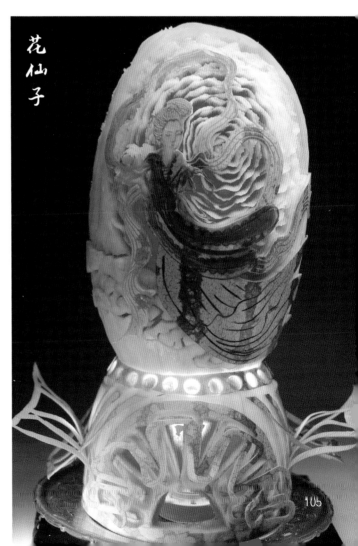

花仙子

蒸蒸日上

花奴

富贵灯

绣球灯笼

花多四季

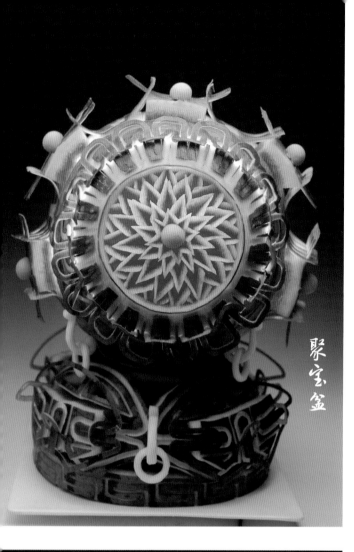

聚宝盆

福娃

醉花香

团团圆圆

飞黄腾达

孔雀灯

丝丝入扣

喜在当前

金屋藏娇

福临太平

吉祥四季

中秋赏灯

111

钱多多

心灵盏灯

年年有余A

年年有余B

牡丹御盏

中国风

花开郁香

闻香

119

引蝶

有福同福

祥和旭日

富贵双喜

年轮

远航

黄金贵族

鼎香

龙子瓜盅

白玉瓜盅

六、人物头像

（一）作品详解

弥勒佛

本作品在侧壁上雕刻不同表情的弥勒脸部像。

步骤解析：

1.总体构图

本作品有多个圆形的造型，因此首先利用画圆细绳在西瓜表面画 5 个圆，然后用双线拉刻刀将这些圆的线条划出来。

用圆口戳刀沿着西瓜顶部的线条戳进瓜体中心，戳一周后起盖。然后掏出西瓜里面的瓤。

对四壁的圆，将中间的青色瓜皮削去。

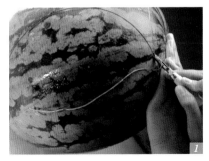

2. 鼻子（笑脸的）

先用中号圆口戳刀垂直在一个圆的中间部位戳出鼻尖，然后再从下面平行戳出人中。

在鼻梁上方戳出眉心或鼻梁的上边缘。

在脸颊下面戳出斜面，剔除废料。

3. 嘴（笑脸的）

根据鼻子的宽度来确定嘴的宽度，用平口主刀连接两个嘴角点横拉一刀，然后修饰出上下嘴唇轮廓。

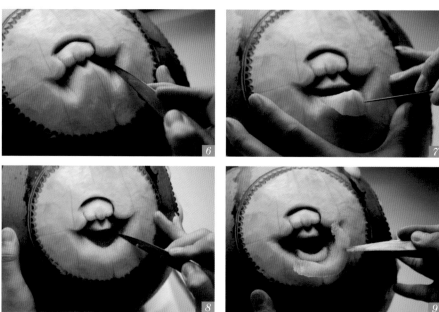

4. 脸（笑脸的）

根据眉心、鼻子和嘴的位置，来修饰人物两边的脸部轮廓。

5. 眼睛（笑脸的）

在鼻子上边的高度上，削出上脸颊的轮廓，然后用刀尖刻出眼睛线条，以及眉毛。

6. 脸部修饰（笑脸的）

用小号圆口戳刀，挖出嘴两边的酒窝，并取挖出的一个球，固定在额头中心。

7. 怒脸的做法

怒脸的做法和笑脸大体相近；在眉心、眼睛、舌头等方面不同。

对于睁着的眼睛，要用中号圆口戳刀在里面戳出眼珠，再用平口主刀修饰完善。

用青色瓜皮刻画出眉毛线条，粘在上面。

 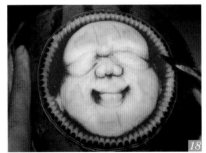 

8. 周围装饰

用挖球器在瓜盅的四个角挖球后反转装饰。

在上盖利用刻削出树叶状，反立顶起（参见前面"四、创意瓜盅"中的 "吉祥瓜盅"），中间用西红柿点缀。

（二）作品欣赏

民族少女

笑口常开

笑脸

133

罗汉

童心

闲月羞花

童年

马上富贵

福满门

福到

福寿满堂

（二）富

  富贵、财富是每个人都追求的东西。通过正当劳动，在市场竞争中让自己的付出获得回报，是每个人的愿望，也是值得祝贺的事情。所以在瓜雕中有关财富的题材应用也极为广泛。

黄金万两

招财进宝

招财进宝

一帆风顺

龙舟载宝

（三）寿

"寿"为五福之首，只有安康长寿才能享受到其他的福分。在寿宴中，寿主题的瓜雕自然十分应景。

在传统文化中，用"寿星""蟠桃""仙鹤""松树"来代表"寿"。在人们的愿望中，寿也常与福同在，所以通常以蝙蝠围绕蟠桃、祥云升腾等方式来寓意"福寿双全"。

福寿满堂

福寿无边

五福捧壽

萬壽无疆

福壽延年

144

福寿万年

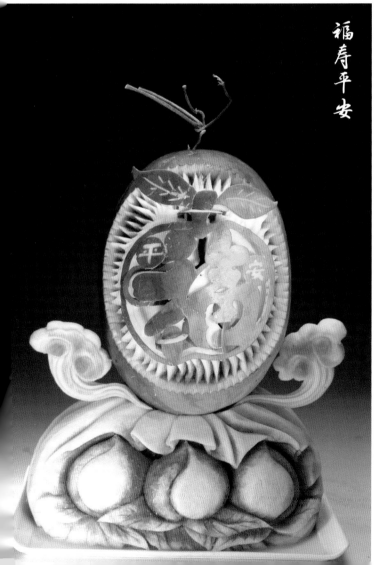

福寿平安

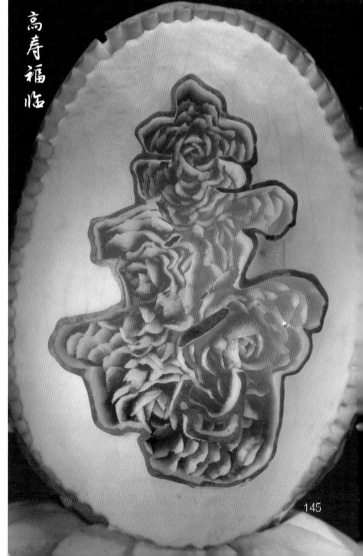

高寿福临

（四）囍

　　"囍"是"喜"字的延伸图案，方正、对称、骨架结构稳定，如男女并肩携手而立，象征着相濡以沫、相伴终身的美好愿望。

　　在中国传统的男婚女嫁的活动中，"囍"必不可少。而以囍为题材的瓜雕，能够成为大众的视觉焦点，很好地烘托现场气氛。

　　在构图中，人们还常以"喜鹊"寓意"喜"，表达着喜上眉梢的含义；也用鸳鸯来表示两情好合之意。

大婚

心心相印

喜事莲莲

双喜临门

龙凤呈祥

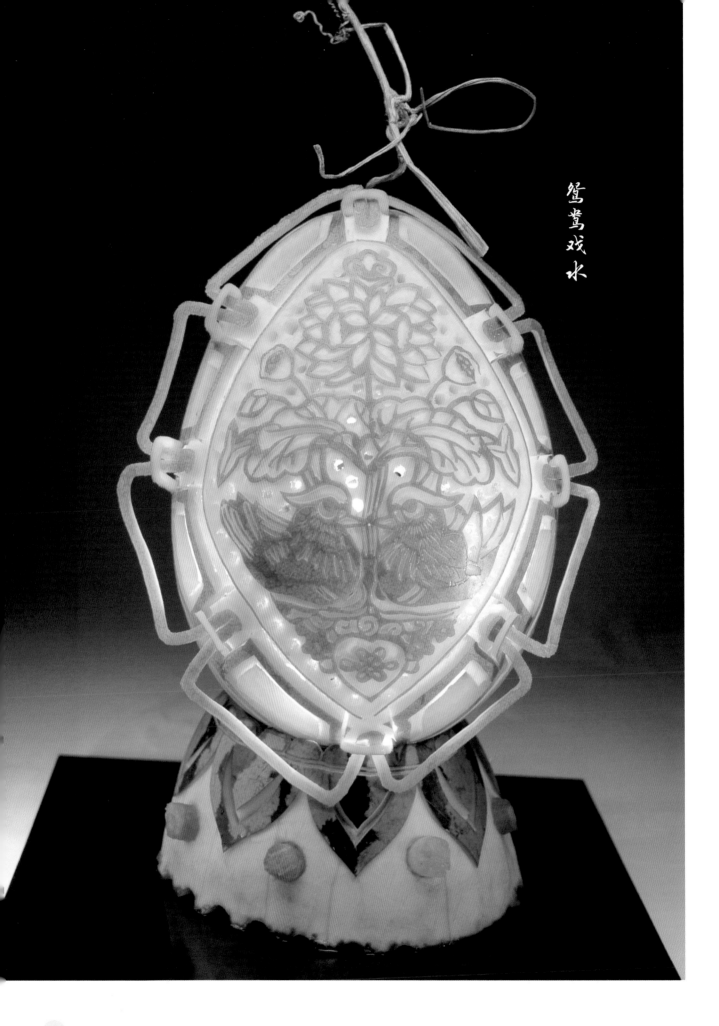

鸳鸯戏水

天仙配

洞房花烛

荷塘鸳鸯

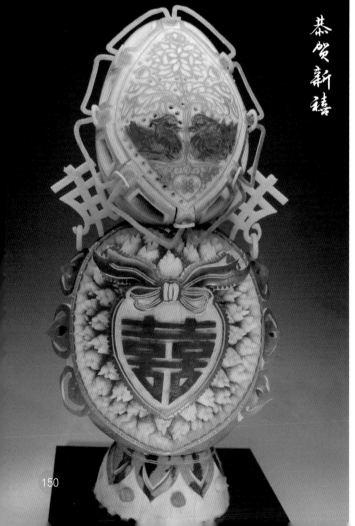

恭贺新禧

新婚良宵

比翼双飞

洞房花烛夜

新婚鹊喜

二、戏剧脸谱主题

京剧等传统戏剧是中国的国粹艺术。戏剧脸谱主题的瓜雕在大型宴会中最能表现瓜雕技艺与传统文化的结合，特别适合用在国际交流场合，既能展现中国风，又能展现我国独特精湛的食雕艺术。

三、其他主题

爱的见证

幸福时刻

心心相印

155

丹凤朝阳

鸟语花香

梦想

丰收

乡韵

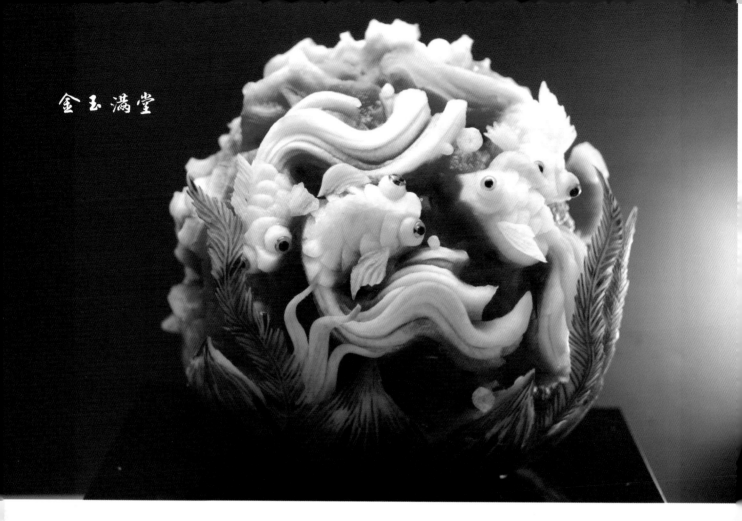

金玉满堂

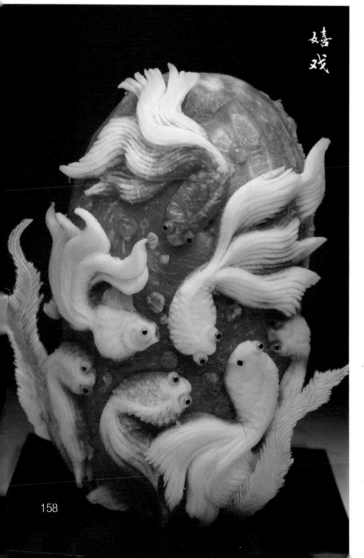

嬉戏

年年有余

年年有余

158

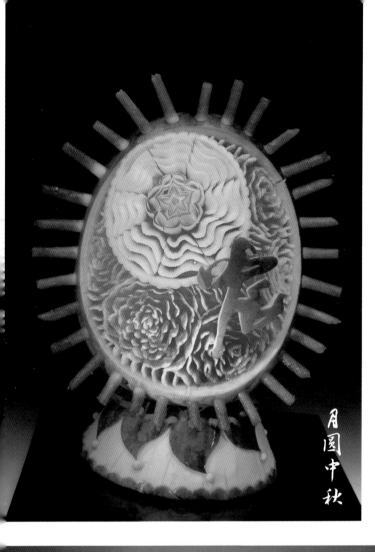

月圓中秋

素心

花好月圓

159

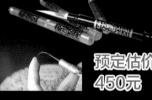